家装潮流

时尚都市家

编著：叶 斌
配文：林皎皎 徐 瑞 陈梅芳

U0333098

海峡出版发行集团 福建科学技术出版社
THE STRAITS PUBLISHING & DISTRIBUTING GROUP | FUJIAN SCIENCE & TECHNOLOGY PUBLISHING HOUSE

001

002

003

001 》 线条肌理打造精品空间

黑胡桃木天然的肌理打造了具备休闲感且又彰显品位的时尚空间。线条造型的镂空屏风，巧妙地分隔空间并避免了压迫感。

002 》 木材演绎的生活

灰白色壁纸呼应了同色系的地毯，天然木纹点缀，卧室空间温暖又不失时尚品味。

003 》 淡雅的宁静美

本案设计以简洁宁静为主旨，整体营造出了极具后现代感的设计效果。细节处一丝不苟，呈现了空间错落有致的设计效果。

主要装饰材料

❶ 黑胡桃木饰面板　❷ 壁纸　❸ 米黄洞石　❹ 花纹壁纸　❺ 石板条　❻ 肌理壁纸　❼ 复合木地板

004 ≫ 清新的空间表情

相似的菱形造型在两个空间中变换着色彩与肌理，使空间在协调统一中流露出清新的表情。

005 ≫ 精致的凹凸肌理

灰白色调的空间通透明亮。电视背景墙上的凹凸肌理经过扫白处理，突显精致时尚感。

006 ≫ 香艳而神秘的卧室空间

造型独特的墙面、异域风情的窗棂、色彩迷人的布艺，在米黄色肌理壁纸衬托下，流露出香艳而神秘的气息。

1

007

2

008

007 》 自然的语言

横竖交错的木条将楼梯与客厅分隔开，同时也成为富有格调的电视背景墙。原木色的大量使用，述说着自然的语言。

008 》 马赛克丰富空间表情

餐厅区域大面积地使用马赛克装饰，打破了黑白色调的单一感，空间呈现出更为丰富的表情。

009 》 简单的优雅质感

米黄洞石与深褐色墙砖在电视背景墙上形成碰撞，墙面简洁的几何分割，营造了优雅大气的空间氛围。

3

009

❶复合木地板　 ❷陶瓷马赛克　 ❸米黄洞石　 ❹石膏板　 ❺肌理壁纸　 ❻藤编织饰面板　 ❼镂空木隔断

010

011

010 ▶▶ **雅致的表情**

电视背景墙以线条的凹凸变化，弱化了白色带给人的单调感，营造了雅致的空间氛围。

011 ▶▶ **木材流露的自然感**

本案设计崇尚自然，用材方面多数以木、藤的纹样或形体来作为主要元素，使其达到最佳舒适度，体现以人为本的设计原则。

012 ▶▶ **自然的魅力**

一块木质隔断横在客厅和餐厅之间，使视线隔而不断，给空间营造了深远的感觉。多处木材的选用，空间于不经意中呈现了自然的魅力。

012

013

014

015

016

013 ≫ **黑白对比的时尚感**
半高的吧台划分出的区域，通过大小不一的陈列柜呈现出节奏和韵律感。黑白色调和金属边框的使用，增添了空间的时尚感。

014 ≫ **简约与清新**
没有多余的设计，营造的是简约的清新与舒适感。

015 ≫ **空间的成熟质感**
本案设计采用通透、开放的空间动线，透明玻璃作为电视墙，加上金属装饰与壁纸的运用，营造出空间低调成熟的质感。

016 ≫ **茶镜营造虚幻空间**
采用茶镜装饰整面沙发背景墙，营造了另一个虚幻空间，给原本简约的空间带来无限的张力。

❶ 白色大理石　❷ 复合木地板　❸ 米黄色玻化砖　❹ 茶镜　❺ 水曲柳饰面板　❻ 柚木饰面板　❼ 复合木地板

017

018

017 ▶▶ 小空间的时尚感
　　水曲柳扫白装饰的电视背景墙显现出淡淡的木材肌理，为温馨的空间增添了时尚的气息。内凹层架的设计更丰富了界面的表情。

019 ▶▶ 现代时尚的家居空间
　　整体空间以大地色材料为主，肌理壁纸与木质肌理有机地统一起来，呈现出空间的舒适、现代感。

018 ▶▶ 咖啡色系打造稳重空间
　　米黄色墙砖和柚木饰面板共同打造的电视背景墙，不同材质通过相同的色系和构成方式统一在一起，营造了稳重大方的空间氛围。

019

020

021

020 >> 静谧的东方韵味

大幅的荷花手绘图表达了主人的古典情怀，搭配新中式家具和黑白水墨画，空间充满了静谧的东方韵味。

021 >> 材质混搭的时尚风采

一边是木板纹理与肌理壁纸的呼应，一边是黑镜与米黄色墙砖的虚实对比，空间充分利用材质的混搭营造时尚都市风采。

022 >> 简洁中的变化

以时尚简洁为设计主题，又在细节上寻求变化。电视背景墙上一抹黑镜打破了木板饰面的规则感，成为空间的一个亮点。

022

023

023 ≫ 典雅舒适的美感

电视墙采用大理石装饰，天然的纹理像一幅水墨画舒展开来，也提亮了整个空间。

024 ≫ 演绎精致生活

皮纹砖在灯光下呈现出独特的质感，深褐色的处理避免了浅色调的轻浮感，更体现了主人的不俗品味。

025 ≫ 清澈的时尚

暖色作为主色调，适当地掺入了代表高贵的香槟金色调，加上黑与白的家具，整体空间在舒适温馨中透出一股清澈时尚的气息。

024

025

026

027

028

026 》》"白色"的低诉
沙发背景墙划分成宽窄不一的块面，统一中又有变化。一幅精美装饰画在墙面上形成横竖交错的肌理，营造了温馨时尚的氛围。

027 》》家的温馨
素净的家居空间，米黄色壁纸上盛开的花纹在暖色灯光的照射下，家的温馨体现得得淋漓尽致。

028 》》快乐的儿童空间
粉红色壁纸上各式图案的点缀奠定了空间活泼的氛围，搭配白色家具和立体字母装饰，吻合儿童天真烂漫的性格。

❶ 黑镜　 ❷ 花纹壁纸　 ❸ 复合木地板　 ❹ 玻化砖　 ❺ 花纹壁纸　 ❻ 肌理墙漆　 ❼ 肌理壁纸

029 ▶ 白色镂空成为视觉焦点

米黄色调搭配黑胡桃木的深沉，空间在和谐统一中流露出奢华大气。白色镂空装饰板的点缀，分隔空间的同时也成为视觉的焦点。

031 ▶ 肆意"黑白灰"

肌理漆在墙面上构成了巨幅抽象画，打破了黑白空间的简约感，并通过光影让空间更有层次。

030 ▶ 开阔的居家氛围

通透的空间处理和绝佳的视野及采光，使空间明亮而温馨。卧室墙面上蓝灰色的花纹壁纸更是给空间增添了一抹清新气息。

032 ▶ 墙面上泛起的涟漪

蓝色圆圈在电视背景墙上整齐排列，像水面上泛起的涟漪，在灯带映射下呈现出独特的肌理美感，活跃了整个空间。

033

033 》 静看美国乡村风
色彩跳跃的砖纹肌理丰富了电视背景墙的层
次，搭配仿古砖以及木质家具，空间流露出美
国乡村风情。

034 》 寂静中的蓝色畅想
大面积的蓝色墙面给人非一般的视觉体验，仿
佛徜徉在蓝天白云之间，清新自然的居家环境
油然而生。

035 》 淡雅的欧式田园风情
以米白色素雅的碎花壁纸铺满电视墙作为背
景，搭配砖纹肌理和白色家具，空间流露出淡
雅的欧式田园风情。

034

主要装饰材料

 ❶ 砖纹壁纸　　 ❷ 蓝色乳胶漆　　 ❸ 碎花壁纸　　 ❹ 米色抛光砖　　 ❺ 灰色墙砖　　 ❻ 原木地板　　 ❼ 木线条

036

037

036 》》沉静的历练

沙发背景墙设计简单干脆，却不失其独特的个性，浅色壁纸与电视背景墙的花朵壁纸相互映衬，使空间沉稳肃静。

037 》》将"格调"坚持到底

黑色与白色的碰撞带来时尚而冷酷的表情，而灰色墙砖的精致花纹柔化了空间，同时又把持住了精致与品味的格调。

038 》》白色的精致美感

电视背景墙的白色木线条处理，拉伸空间宽度的同时也丰富了界面的层次感，使白色也能表达出精致的美感。

039 ▶▶ 金腰带的别样风采

米白色电视背景墙呈现了简单生活最真实的一面。一条金色腰带，装饰有民族风情的纹样，给空间带来了别样的风采。

040 ▶▶ 线条的语言

浅色条纹壁纸在镜面的映射下充斥着整个空间，营造轻松自然的空间氛围。而黑色沙发的条纹装饰却以另一种面貌活跃空间的气氛。

041 ▶▶ 黑与白勾勒时尚气息

褐色的菱格墙砖拼贴呼应了地板的色调，使清新淡雅的空间更加稳重大气，突显主人的品位。

❶ 装饰镜　❷ 条纹壁纸　❸ 褐色墙砖　❹ 仿古砖　❺ 条纹壁纸　❻ 三聚氰胺装饰板　❼ 仿古砖

042 》》 色彩营造的构成感

独特的圆形吊顶和门洞的弧线轮廓，柔化了整个空间。咖啡色的沉稳与白色的洁净，使空间看起来既整体又富有构成感。

043 》》 亲和打造优质生活

壁纸暗藏的条纹在灯光下呈现出柔和的质感，造型简洁的电视柜以相似的处理方式与之呼应，营造了温馨大气的居室环境。

044 》》 简约空间中的质朴情怀

在米色空间中，电视背景墙以红色砖纹肌理成为了空间的视觉重点，与仿古砖地板的呼应更增添了空间古朴的气质。

045

045 》 **混搭的时尚魅力**
在这个温馨淡雅的空间里，红色皮质沙发与浅蓝色织物地毯的搭配，增添了空间的时尚感。

046 》 **圆环装饰的点睛之笔**
实木地板呼应肌理壁纸装饰的沙发背景墙，将黑白沙发衬托得更加尊贵；造型别致的圆环装饰起到了画龙点睛的效果。

047 》 **框住的风景**
形态各异的圆拱造型将铁艺栏杆以及背后的风景框成一幅画，再搭配上随处可见的碎花，空间流露出淡淡的秀美之意。

048 》 **复古砖的语言**
客厅沙发墙的太阳装饰，牢牢地牵动着人们的视觉神经。倾泻的水晶挂珠丰富了空间的视觉景象。

046

047

048

❶ 装饰墙砖　　❷ 米黄洞石　　❸ 碎花壁纸　　❹ 仿古砖　　❺ 榉木饰面板　　❻ 白色大理石　　❼ 银光壁纸

049

050

049 ≫ 木质材料带来的亲切感

略为倾斜的电视背景墙以榉木饰面板铺贴，打破了黑白家具的冷硬感，为空间增添了温和亲切的效果。

050 ≫ 井然于室

利用玻璃推拉门分隔空间是常见的做法，而本案以白色镂空图案与黑色边框的搭配，为空间增添了艺术感，让人眼前一亮。

051 ≫ 低调奢华的现代风

花纹壁纸的金属质感奠定了空间的奢华基调；造型简洁的皮质沙发和一组黑白相框的点缀，更提升了空间的品位。

052

053

052 ≫ 浅述典雅

浅色玻化砖地面与白色的吊顶使空间高贵典雅；精心设计的矩阵型主灯，带来几何的理性趣味。

053 ≫ 古韵与卡通的和谐统一

割舍了繁琐的装饰，以简单的造型打造出典雅而古朴的空间氛围。一幅手绘的卡通画填补了墙面的空白，也体现出主人独特的审美情趣。

054 ≫ 简单最时尚

泰柚木餐桌与布艺餐椅在阳光下尽显风情，温润的实木地板与木栅格落地窗和谐共处，一派纯净的生活氛围油然而生。

054

❶ 石膏板　 ❷ 实木地板　 ❸ 泰柚木饰面板　 ❹ 仿大理石砖　 ❺ 彩色壁纸　 ❻ 肌理壁纸　 ❼ 墙砖

055 ≫ 温馨的家居氛围

电视背景墙淡黄色的大理石砖与沙发背景墙黄色的图案壁纸，碰撞出温馨的家居氛围。

056 ≫ 现代禅意

一盏吊灯，一壶清茶，以木栅格围合；手工编织的纤藤家具散发着大自然的气息，整个会客空间透出宁静的禅意。

057 ≫ 蓝色畅想

本案用色大胆，沙发背景墙上大面积的蓝色给人无限遐想，电视背景墙上蓝色马赛克的点缀也呼应了空间主题。

058 ≫ 镜面拓展空间感

大面积的镜面和随处可见的白色，使空间显得通透开阔。白色树形花纹随意地生长着，给时尚空间增添了一丝自然气息。

055

056

057

059

060

061

059 》 材质的丰富表情

墙面没有任何复杂的造型处理，仅靠灰色仿石墙砖在灯光照射下呈现出精美的纹理，以材质的丰富表情为空间增添了时尚气息。

060 》 简约演绎精致生活

淡雅的壁纸、干净的线条、现代感十足的坐凳，无不体现着现代简约风的大气。配以晶莹闪亮的吊灯，空间流露出一种优雅的美感。

061 》 恋物迷香

条纹地毯与布艺共同演绎着夏日的清爽凉快；带拼花的仿古砖地面似乎散发着泥土的清香；一盏仿古吊灯让时光定格在这最美的夏日里。

062 》 妖娆与淡然

镜面上白色的花纹妖娆地伸展，呼应了大面积的壁纸墙面；纯色系沙发安静祥和，空间给人一种洗净铅华后的从容淡然感。

062

063

063 》 享受雅致与温馨

木纹大理石的横条纹与壁纸的竖向肌理在电视背景墙上相互映衬，暖灰色系于现代之中带来一些怀旧气息。

064 》 别具特色的装饰画

深色系的皮质沙发在花纹壁纸映衬下，营造出华贵而沉稳的空间氛围。一副色彩艳丽的唐代仕女图，以别样的情致成为空间中视觉的焦点。

065 》 清丽小景打造田园气息

沙发背景墙的拱形书柜创意十足，白绿色马赛克的铺贴增添些许清新气息。侧墙的绿色植物错落有致，田园气息也油然而生。

064

066

066 》 太阳下的秩序
欧式罗马太阳装饰成为视觉中心。软包由点排列出空间的秩序美，使空间显得华贵优雅。

067 》 随性优雅的个性空间
以淡淡的黄色打造了别致个性的空间氛围。一抹红色点亮了空间，展现了主人活泼却不张扬的个性。

068 》 花梨木的优雅
深沉温润的花梨木地板，衬托着米白色的沙发椅，空间更显得优雅、舒适。镜面晶格拼贴的电视背景墙，映射出房间的精致仪容。

069 》 绽放生活的魅力
本案空间呈现了优雅与温馨的氛围。白色墙面上花朵的绽放，带来一丝清新的文艺气息。

067

068

069

❶ 软包　 ❷ 条纹壁纸　 ❸ 花梨木地板　 ❹ 装饰墙砖　 ❺ 金刚板　 ❻ 米黄洞石　 ❼ 条纹壁纸

070

070 ≫ 几何构成的素色格调

整体采用矩形设计元素，空间富有立体感，演绎出简约而大气的时尚品位。

071 ≫ 简约的温馨流露

在客厅入口处用白色混油鞋柜作为隔断，既不遮挡视线，又分隔了空间。柔和的淡黄色灯光让室内充满着温馨的色彩。

072 ≫ 个性而不张扬

蓝灰色与米黄色在墙面间隔排列，增添空间层次感的同时，也营造出客厅的浪漫情怀。

071

073

073 ≫ 冷峻与时尚的冲击
电视背景墙以深色的壁纸给空间带来一丝冷峻的气息。
红色沙发和抽象挂画，则给人与强烈的视觉冲击。

074 ≫ 感受简约与沉静
沉稳的条纹背景与现代化的家具搭配，造就了和谐统一
的现代空间。电视背景墙上光与色的相互作用，给人带
来丰富而细腻的审美感受。

075 ≫ 简约淡雅的生活气息
以切割成块状的石膏板，铺贴淡黄色图案的壁纸，墙面
既耐看又蕴藏自然舒适之美；搭配上黑白色系的沙发，
整个空间透出简约淡雅的生活气息。

076 ≫ 皮质软包打造精致美感
米色皮质软包在淡黄色灯光映衬下，流露出精致的美
感，提升了空间的格调。一幅色彩浓烈的现代装饰画，
起到了画龙点睛的作用。

074

075

076

077 ≫ 白色空间成就纯粹的快乐

电视背景墙的硬线条凹凸造型与沙发背景墙的软包形成刚与柔的对比；新古典韵味的现代家具彰显个性、品位。

078 ≫ 彩色条纹带来视觉乐趣

大面积玻璃镜面不仅在形式上很具现代感，同时拉伸了空间的深度。沙发上不同颜色的条纹处理，增添了空间的色彩，也给人以视觉乐趣。

079 ≫ 线条的重复韵律

设计师大胆地以棕色条纹壁纸装饰整个沙发背景墙，并在侧墙以马赛克和镜面与之相呼应，提高亮度的同时增添了空间的奢华感。

077

078

080 **» 温馨宜人的空间**

木质天花、条纹沙发、淡绿色的花纹壁纸，奠定了空间的田园基调。几幅黑白装饰画错落有致，又增添了时尚气息。

081 **» 演绎华丽的异域风情**

电视背景墙粗犷的石材堆砌，突出层层叠叠的立体感。具有精致花纹的地毯为空间增添了异域风情。

082 **» 素雅与奢华的精彩**

素雅的米黄色墙面，因为艺术挂画的装饰而变得格外精彩。电视背景墙金黄色纹样的壁纸以金属外框收边，尽显室内氛围的奢华与大气。

083 **» 粗犷的美感**

扫白木条装饰的空间中，四根褐色木条恍如横空出世，搭配电视背景墙粗犷的石材堆砌，呈现出独特的美感。

084 ≫ 浓郁的中国文化气息

成熟稳重的新中式家具，气韵清逸的水墨画，青花瓷陈设，无一不令空间充满浓郁的中国文化气息。

085 ≫ 现代简洁中的古典韵味

客厅以简单明了的线条设计展现了现代简洁的风格。一幅写意的中国画散发着古典气息，成为空间的亮点。

085

086 ≫ 向往田园生活

设计师在墙面上描绘出田园风光，加上藤本植物的垂挂、红砖肌理的墙面，整体空间给人以无限遐想。

086

087

087 ≫ 感悟棕色贵气
棕色绒布与透明镜面交织在一起，以横向线条拉伸了空间的宽度。顶棚以白色菱形图案装饰，镜面包边延伸了空间的高度，让视觉得到平衡。

088 ≫ 精致奢华之美
简约大气的白色沙发，精致奢华的壁纸，搭配以黑色的地毯，黄、白、黑的经典搭配，使空间透露着尊贵的气息。

089 ≫ 精致的韵律
淡黄色的灯光透过圆形的吊顶，空间统一在这温暖的色调里。侧墙面上镜面和软包组成的推拉门，分隔空间的同时也为空间带来了律动感。

090 ≫ 素白的优雅
玻化砖铺贴墙面，白色阐述了空间的优雅简洁，挂画以绽放的红色花朵成为空间视线的焦点。

088

089

090

① 棕色绒布

② 黑胡桃木饰面板

③ 马赛克

④ 白橡木地板

⑤ 木纹玻化砖

⑥ 花纹壁纸

⑦ 橡木地板

091 ≫ **稳重大气的居室空间**

素白的墙面，褐色的家具，打造了稳重
又大气的起居空间。大面积木纹玻化砖
的应用，增添了空间中的温馨气息。

092 ≫ **现代时尚韵味**

电视背景墙铺贴的深色壁纸以相同的花
纹连续排列，空间华丽中略显严肃。侧
墙处一幅抽象画以多变的色彩凸显出空
间的现代时尚韵味。

093 ≫ **情迷田园风**

碎花的壁纸和沙发透露着田园气息，恬
静而唯美的表现。错层的空间以半隔断
区分功能，空间隔而不断。

091 ⑤

092 ⑥ ⑦

094

095

094 ≫ 追求时代感，彰显不俗品位

电视背景墙圆角边柜凸起设计，与电视柜协调搭配，演绎一种科技、时代感。

095 ≫ 紫色与金色共同构筑浪漫旋律

以沙发为视觉焦点，紫色的高贵巧妙地与金色的优雅融合，整个房间流动着和谐的浪漫旋律。

096 ≫ 独具匠心新主张

大小不一的陶砖拼贴在墙面，有序的拼贴却因为色彩的变化而呈现出丰富的表情，体现了设计师的独具匠心。

097 ≫ 好一幅田园风光

粉白色的小花在淡蓝色背景上绽放，搭配白色栅栏造型的置物架，营造出一股田园气息。

096

097

❶金色壁纸　 ❷陶砖　 ❸白橡木地板　 ❹肌理墙绘　 ❺马赛克　 ❻石膏造型　 ❼实木地板

098 ≫ **浓重与淡雅的融合**

　　深色花纹壁纸铺贴的电视背景墙通过淡蓝色肌理画面的叠加，营造了迷人的空间气氛。

099 ≫ **让优雅无处不在**

　　木纹壁纸从墙面延伸到顶棚，打造了和谐统一的空间氛围。壁炉造型的电视背景以浅褐色马赛克装饰，别具特色。

100 ≫ **线条的美感**

　　电视背景墙以凹凸横向线条赋予白色墙面丰富的表情，并与窗帘的竖向线条呼应，营造出极富韵律感的视觉效果。

098

099

101

102

101 » 演绎时尚空间

竖条纹壁纸装饰墙面，白色相框错落有致地点缀其上，在极富现代感的射灯照射下，增添了空间的时尚气息。

102 » 乡村气息的居室空间

深木色假梁整齐排列，将客厅区域与餐厅区域统一起来。壁炉造型墙、藤编家具、碎花布艺，共同打造了空间的乡村气息。

103 » 点缀雅致生活

温润的柚木与米黄大理石墙面共同打造了淡雅的居室空间。两幅抽象画以独特的色彩构成，丰富了空间的表情。

103

❶ 白色大理石　❷ 仿古砖　❸ 米黄大理石　❹ 柚木饰面板　❺ 金色花纹壁纸　❻ 黑胡桃木饰面板　❼ 复合木地板

104

104 ≫ 别样的浪漫气氛

金色壁纸在暖黄色灯光照射下显得格外华丽，而造型简洁的家具却赋予空间沉静与雅致，两者的混搭营造了别样的浪漫气氛。

105 ≫ 古典与现代的融合

沙发背景墙上黑胡桃木边框将壁纸和镜面统一在一起，古典花纹与现代时尚融合，客厅显得沉稳而不失现代感。

105

106

106 ≫ 经典黑白灰，演绎雅致与从容

黑、白、灰的经典配色，构成空间丰富的层次感。原木色的融入，又增添了柔和、温馨的气息。

107

107 》 朦胧典雅的美
条纹壁纸延伸到吊顶，仿古砖与碎石拼贴交替使用，丰富
了界面的表情，也营造了室外园林般的意境，让空间透出
一丝朦胧典雅之美。

108 》 低调的华美
相同的花纹壁纸只是在色系上有所区别，使空间有所变化
却和谐统一。一幅色彩艳丽的油画恰到好处地点缀，空间
呈现出低调的华美。

109 》 独出一隅
米黄洞石装饰的电视背景墙在暖色灯光的烘托下，流露出
沉稳气息。一侧白色隔断却以镂空花纹，给空间注入了一
丝清新。

110 》 "鸟巢"聚会
四个"鸟巢"式的藤编家具，仿鹅卵石的地板与墙面的荷
叶画呼应，让小空间有了大自然的味道。

108

109

110

❶ 碎石拼贴　 ❷ 花纹壁纸　 ❸ 米黄洞石　 ❹ 条纹壁纸　 ❺ 复合木地板　 ❻ 米黄大理石　 ❼ 木栅格

111 ≫ 简单的优雅质感

电视背景墙面简洁的线条分割，营造了大气的空间氛围。斑马纹地毯和棕色沙发的搭配，提升了空间的整体格调。

112 ≫ 装饰黑镜点缀

抛却了繁杂的装饰，仅靠材料的色彩和肌理打造了简洁而高雅的客厅空间。装饰黑镜是空间的焦点。

113 ≫ 视觉禅意

造型独特的木栅格墙面，与家具互相呼应营造稳重大气的禅意空间。白色挂画和红色饰品单纯而时尚，更能让空间呈现出饱满的视觉弹性。

114

115

116

114 » 和谐点缀
曲线边框内深浅不一的褐色地砖满铺，奠定了空间的高雅基调；旁边的菱形茶镜以相同的构成方式呼应了主题。

115 » 自然中的沉稳
编织装饰板与黑胡桃木的搭配，再加上米色壁纸的庄重沉静，打造了沉稳而又不失自然的卧室空间。

116 » 欧式田园风的诠释
墙身铺贴碎花壁纸，耐人寻味。淡紫色的花朵在绿叶的衬托下开满了整间卧室，搭配纯白的家具，营造了浓浓的欧式田园风情。

117 » 富有动感的休憩空间
波浪形天花设计与地面不规则的地毯相互呼应，制造出富有动感的休憩空间。

117

❶ 褐色墙砖 ❷ 黑胡桃木 ❸ 碎花壁纸 ❹ 爵士白大理石 ❺ 米色玻化砖 ❻ 花纹壁纸 ❼ 米黄色墙砖

118

118 》 材质的装饰效果

电视背景墙采用大面积的石材铺贴，天
然的纹理在灯光的照射下成为界面最好
的装饰。

119 》 柔美的气息

简洁大方的客厅中央吊置古典吊灯，柔
美的曲线造型与电视墙面蔓延的花朵相
呼应，空间别有一番情趣。

120 》 静与动的结合

电视墙上不规则的贴砖装饰打破了整个
空间的静谧，在天花筒灯作用下，丰富
的层次变化让空间更显动态美。

119

120

121 » 多样材质营造的奢华空间

黄色大理石边框把沙发背景墙分隔出两个区域，花纹壁纸呈现出与马赛克肌理铝板相似的光泽，打造出空间的奢华感。

122 » 迷你家园

弧形的电视背景墙上盛开着花朵，灿烂夺目；配上印花沙发和碎花窗帘，空间散发出浓郁的芬芳。

123 » 紫色的浪漫情怀

淡紫色的花纹壁纸呼应碎花窗帘，空间中浪漫尽显。大幅黑色海报的点缀，增添了空间的时尚感。

❶ 装饰铝板
 ❷ 橡木地板
 ❸ 白橡木地板
 ❹ 马赛克
 ❺ 银色花纹壁纸
 ❻ 爵士白大理石
 ❼ 花纹镜面

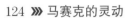

主要装饰材料

124 》 马赛克的灵动

马赛克墙面在灯光的渲染下营造了丰富的韵律，为空间增添了灵感。白色挂画精致且时尚。

125 》 高贵中不失自然气息

随处可见的原木色调，营造了一个温馨的卧室空间。背景墙上以银色花纹壁纸衬托宽幅风景画，高贵中不失自然。

126 》 刚与柔的结合

带卷草花纹的装饰镜面，与电视背景墙上直线分割的爵士白大理石产生了一种碰撞的美，阳刚与柔媚巧妙地结合在一起。

124

125

127

127 ≫ 实木与碎花的自然演绎

实木地板竖铺的沙发背景墙是空间的一大亮点，呼应着藤制家具和碎花壁纸，营造了悠闲的自然氛围。

128 ≫ 简约空间的优雅格调

简单的家具摆放凸显室内的宽敞明亮，一幅色彩浓烈的装饰画成为视线的焦点，整个空间简单而不失优雅。

129 ≫ 镜面的光影变化

电视背景墙上的一抹镜面将奢华吊灯影射其中，打破了米黄大理石的单一性，丰富了空间的层次。

128

129

❶ 实木板 ❷ 柚木地板 ❸ 米黄大理石 ❹ 条纹壁纸 ❺ 装饰黑镜 ❻ 砂岩 ❼ 花纹壁纸

130 ➤➤ 精致的灿烂生活

电视背景墙铺贴的条纹壁纸呈现出拉丝银的质感，加上金属边框中大大小小的蝴蝶，整个室内空间有一种阳光下的灿烂。

131 ➤➤ 欧式风情的魅力

多层线脚构筑的墙面奠定了空间的欧式基调。电视背景墙装饰黑镜上布满精致的花纹，成为空间的焦点。

132 ➤➤ 多彩空间的新意

丰富的色彩和材质共同营造了田园风格的居室空间。设计独到的电视背景墙，在块面及线的变化中创造了视觉上的美感。

133 ➤➤ 蝴蝶与花的恋曲

带卷草花纹的装饰镜面与浅灰色花纹壁纸一起，打造了柔美的卧室空间。床屏上方散落的蝴蝶扑闪着翅膀，演绎了一支动人的乐曲。

134

135

134 ≫ 简约小家，甜蜜新感觉
床头背景墙线形装饰，与电视背景墙简约的搁板搭配呼应，室内空间显得灵动而美丽。

136 ≫ 华贵而不张扬的空间
电视背景墙以规则不一的白色边框内嵌花纹壁纸，配合古典气息的枝形吊灯，既不过分张扬，又恰到好处地把雍容华贵之气质渗透到每个角落。

135 ≫ 通往心灵的窗口
电视背景墙采用大幅玻化砖铺贴，嵌入墙壁的电视机别具特色，像是通往另一个缤纷世界的窗口。

❶肌理壁纸　 ❷米黄色玻化砖　 ❸花纹壁纸　 ❹木条拼贴　 ❺橘色软包　 ❻肌理墙漆　 ❼实木地板

137 》 线条美学的视觉冲击
白色木条在天花板上整齐排列，并延续到墙面，营造出独特的线条美感，使空间更具视觉冲击力。

138 》 藻井式设计凸显空间感
吊顶藻井式设计，富有中式韵味，并使整个空间充满层次感。

139 》 富于禅意的现代空间
地面的抬高在客厅分隔出一个休闲区域，一组罗汉床以温润的木色为灰色空间增添了一抹禅意。白色盆栽的错落点缀极富趣味性。

140

141

140 ≫ 温和恬静的乡村气息
深木色的横梁搭配古典的烛台式吊灯，摒弃了简约的呆板和单调，也没有古典风格的繁琐和严肃，营造了一股温和恬静的乡村气息。

141 ≫ 田园家居，暗香浮动
丰富的色彩和材质共同营造了田园风藤编家具，绿色碎花壁纸，演绎田园风情，整个空间不泛浪漫与温馨。

142 ≫ 永恒经典
大小不一的装饰画错落有致，两幅色彩艳丽的摄影作品点缀在大面积的黑白之间，构成了一道经典时尚的风景线。

142

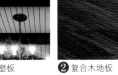

143

143 ≫ 纯白世界的宁静

空间以纯净怡人的白色为基调，通透大气。沙发下面放一块毛茸茸的深色地毯，让人感觉舒适宁静。

144 ≫ 阐释空间

竖条纹壁纸装饰的沙发背景墙让人好似置身于宁静的树林，大幅镜面的设计又将人带入了另一个虚幻空间，增加了室内的空间感。

145 ≫ 别出心裁的处理

地面的设计打破了传统的铺陈方法，让人眼前一亮；斜角度的肌理呼应顶棚的曲线网纹，为空间增添了迷人魅力。

146 ≫ 快与慢的结合

电视背景墙面狭长的纹路带给人一种快节奏的感觉。纯白的沙发椅靠平滑，沙发背景墙不加装饰，让人舒适宁静。

144

145

146

147

148

147 ≫ 唯美浪漫的气息

沙发背景墙上零落的白色小花伴随着简洁明快的线条，营造了唯美浪漫的空间气氛；三幅黑白挂画的点缀更增添了时尚感。

148 ≫ 与自然亲密接触

崇尚自然，采用木、藤、卵石等作为主要设计材料，并结合景观元素，体现以人为本的设计原则。

149 ≫ 惬意生活

宽敞的卧室中仅布置简单的家具，显得格外舒适温馨。飘窗和落地窗上下参差富有动感。几个条纹抱枕将主人的惬意生活表露无遗。

150 ≫ 大自然卧室

高窗透射进大量光线，大面积的木板装饰让人有一种身临大自然的感觉，既安心又舒适。

149

150

151

151 》 简单的筒灯点亮尊贵与典雅

通透晶莹的吊灯在圆形的吊顶下尽显尊贵与典雅，简单的筒灯点亮了餐厅的每个角落，暖黄色调的灯光使一切变得和谐又温暖。

152 》 温馨典雅的居室空间

白橡木条大面积铺贴在墙面上，温润的木色与电视背景墙上的白色大理石形成鲜明对比，刚柔并济，打造了温馨典雅的居室空间。

153 》 素色的淡雅魅力

淡雅素色的沙发布置让客厅显得宽阔而大气。色彩艳丽的抽象画在白墙上格外显眼，成为空间的视觉焦点。

152

154

154 ≫ 金属质感打造梦幻效果

树形图案装饰的沙发背景墙反射出金属般的质感，搭配电视背景墙上大理石肌理的镜面，再加上吊顶上的倒影，空间呈现出梦幻的效果。

155 ≫ 卵石铺就的自然气息

鹅卵石铺设的过道与整齐排列的木板传递出浓郁的自然气息，墙面上带有中国水墨画的墙砖让空间更显灵动。

156 ≫ 大气的空间组合

沙发背景墙贯穿两层空间，黑色壁纸优雅的花纹与大幅白色画框融合在一起，搭配精致的水晶吊灯，整个空间大气而不失优雅。

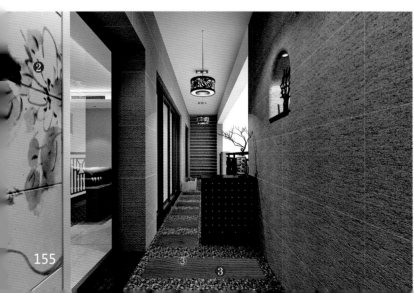

155

156

❶ 树纹壁纸
  ❷ 装饰墙砖
 ❸ 卵石
 ❹ 花纹壁纸
 ❺ 花纹壁纸
 ❻ 柚木饰面板
 ❼ 装饰镜面

157 ≫ 简单中不失生动

电视背景墙的几何元素和墙纸的点缀让空间丰富而生动，半通透的做法巧妙地分割了室内空间。

158 ≫ 低调的华美

四周墙面采用相同的壁纸铺贴，充分表现了餐厅的素洁与优雅气质。

159 ≫ 水墨梅韵

木板铺贴的电视背景墙面夹杂着几处装饰镜，整齐有序的同时也不乏层次变化。侧墙上的水墨梅花从墙壁蔓延到天花，增添了空间的文化情调。

160 ≫ 东方韵味
　　灰色肌理壁纸装饰的沙发背景墙上，一组无框水墨画的点缀，使空间充满了东方韵味。

161 ≫ 简单布置带出的平和
　　厨房以白色、黄色为主色调，淡雅素色的布置，玻璃窗外照进的阳光，带出一派平和的景象。

162 ≫ 淡雅、清新、灵动
　　电视背景墙上灯光从镂空板透出，像是一朵朵绽放的花朵，增添了灵动的气息。蓝色沙发背景墙与之呼应，凸显出空间的清新与淡雅。

❶ 装饰镜面　 ❷ 防滑地砖　 ❸ 镂空装饰板　 ❹ 蓝色条纹壁纸　 ❺ 百叶帘造型　 ❻ 仿石墙砖　 ❼ 斑马纹饰面板

163 ≫ 线条的魅力

百叶帘构成的沙发背景墙，既满足了功能要求，又以多层次的线条呼应了空间主题，有效拉升了空间的高度。

164 ≫ 古朴与精致的视觉冲击

电视背景墙铺上深色的仿石墙砖铺贴，与整个空间的精致氛围形成强烈的对比，让人眼前一亮。

165 ≫ 吊顶限定功能分区

无隔断的处理方式使空间尺度更为开敞，而吊顶的设计又巧妙地将客厅与餐厅进行了限定，功能分区明确。

164

166

167

166 》 材质对比丰富层次

电视背景墙上，深褐色瓷砖铺贴出菱格肌理，爵士白大理石围合，色彩与材质的对比丰富了界面的层次。

167 》 春天般的气息

半悬空的电视背景墙上卷草纹疏朗地绽开，生机勃勃。灰绿色马赛克的点缀，更丰富了空间的表情，带来了春天般的气息。

168 》 时尚大气的简欧风

大气的古典家具配上金色边框的油画以及银质烛台，浓浓的欧式气息扑面而来；而简洁的墙面处理，一组白色相框的点缀，又给人以现代时尚气息。

169 》 田园风情

藤编家具给空间带来了雅致、古朴的色彩，简明清新的壁纸与仿古砖结合得恰到好处，复古吊灯给室内增添了一抹浓厚的文化气息。

168

169

170 ≫ 欧式乡村格调

砖墙肌理的电视背景墙打造出壁炉造型，搭配半圆拱门造型组合，营造了浓郁的欧式乡村格调。

171 ≫ 古典与现代的对话

一边是色彩艳丽的大幅油画，一边是规格不一的黑白摄影作品高低错落地排列，古典与现代的对话。

172 ≫ 阳光渗透出的古朴典雅

电视背景墙采用与地面相同的仿古砖贴饰，却因为45度斜角铺贴而呈现别致的风采，色调统一的材质搭配，呈现给我们一个典雅大方的室内空间。

173

175

174

176

173 》 宁谧的挥洒
在深色木地板与米黄色墙纸营造的温馨空间里，蓝灰色条纹壁纸铺贴电视背景墙，为空间注入时尚与冷静的气息。

174 》 素雅生活
内嵌式衣橱与电视柜融为一体，搭配深色柚木地板和肌理壁纸，在灯光照射下呈现温婉而大气的面貌。

175 》 清柔的田园表情
纱帘分隔了空间，客厅与卧室隔而不断。仿古实木地板辅以田园式家具，营造了一种清新自然的室内环境。

176 》 黑镜增添时尚气息
电视背景墙采用米黄大理石铺贴，材料本身的纹理成为空间最好的装饰。一抹黑镜的点缀增添了时尚气息。

❶ 条纹壁纸　❷ 柚木地板　❸ 仿古实木地板　❹ 米黄大理石　❺ 彩绘装饰　❻ 树纹壁纸　❼ 亚洲鸡翅木

177

178

177 》》 缤纷家园

俏皮可爱的墙绘与室内绿化融为一体，动静结合，清新自然。地面铺贴仿古实木地板，搭配优雅舒适的藤编摇椅，让人仿佛置身于大自然中。

178 》》 木板上的雅致生活

各种材质的黑色与木材的温婉搭配在一个空间里，配以恰到好处的灯光，空间显得沉稳内敛又不失明快。

179 》》 享受书香惬意生活

纹理清晰的鸡翅木家具将书房和客厅融汇在一起，又以不同材质的吊顶和地板以示分隔，空间显得错落有致、温婉大方。

180 ≫ **雅致的田园风情**
沙发背景墙的壁纸花纹清新雅致，呼应对面淡绿色的墙面和几株绿色盆栽，空间显得素雅而精致，营造出一派田园风情。

181 ≫ **乘着海风归来**
沙发的布艺清爽简洁，搭配着整体的白色基调空间尤显轻巧活泼，让人仿佛看到年轻的水手和海鸥乘风归来。

182 ≫ **材料混搭丰富空间表情**
电视背景墙做成了浮雕肌理，显得厚重而又散发着古典气质；两侧的菱形镜面将精致的空间映射其中，更丰富了空间的表情。

183

183 ≫ 静看似水流年

统一的冷色调反映了屋主沉稳、冷静的生活作风。深色的格纹壁纸和原色榉木地板，营造了休闲、稳重的氛围；配以白色烤漆家具，空间更显大方温厚。

184 ≫ 自然芬芳的气息

墙壁上的装饰画热情、奔放，仿佛在与憨厚的壁炉对望，彼此独立又似乎是一个整体，室内呈现出一种从容和淡然的氛围。

184

185 ≫ 演绎新古典

木吊顶与仿古地砖上下呼应，空间显得沉稳、庄重。仿石材肌理墙砖铺贴的墙面烘托着色彩亮丽的装饰画，展现了餐厅的古典风情。

185

186

187

186 ≫ 空间设计的趣味性

将电视镶嵌于壁炉造型中，连可爱的麋鹿都伸出头来张望；搭配红色的仿红砖壁纸，整个空间设计富有趣味性。

187 ≫ 粗犷与质朴演绎的精彩

看似随意堆砌的壁炉，简单的木吊顶，热情鲜艳的装饰画，复古式真皮沙发，室内散发着野性和奔放的气息。

188 ≫ 现代空间的自然风

整体空间以大地色材料为主，电视背景墙的肌理壁纸与地板的木质肌理协调统一，现代空间中透露自然、舒适感。

188

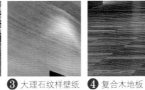

189

189 ▶▶ 简约中见奢华
后现代风格的家具，镂空雕花屏风的点缀，空间于简约
中见奢华。

190 ▶▶ 优雅素洁的卧室空间
四周墙面采用相同的墙纸铺贴，通过材料的质感与色泽
美，充分表现了室内的优雅与素洁。

191 ▶▶ 低调的华丽
二楼过道的镂空雕花装饰意味十足，又与空间的整体风
格协调，营造出一种低调的华丽之美。

192 ▶▶ 设计打造精致生活
没有浮华的色彩，也没有累赘的装饰，整个空间追求素
雅与实用，运用统一的米色玻化砖和相同色系的墙面铺
砖，整个空间凝练、大气。

190

191

192

193

193 》 深沉的魅力
黑灰色石膏板铺贴的电视背景墙与沙发背景墙的浅灰色装饰肌理通过相同的处理方式统一起来，搭配纯白家具和纯黑地毯，传达出深沉的魅力。

194 》 邂逅现代唯美
本案用色温和，色调统一，经典的黑色与米色搭配使空间高贵典雅，温润的胡桃木地板使卧室更加温馨舒适。

195 》 红与黑的窃窃私语
在开敞式餐厅中银白色酒柜与吧台浑然一体。红与黑的窃窃私语让空间充满着暖暖的温情。

194

195

❶ 黑灰色石膏板　 ❷ 米色软包　 ❸ 胡桃木地板　 ❹ 碎花布艺　 ❺ 米色玻化砖　 ❻ 皮纹砖　 ❼ 大理石

196 ≫ 公主世界

纯粹的布艺演绎了欧式的香闺绣阁，白色的基调背景搭配晶莹的镜面，衬托出公主世界的纯洁。

197 ≫ 设计打造精致生活

没有浮华的色彩，也没有累赘的装饰，整个空间追求素雅与实用，运用统一的米色玻化砖和相同色系的墙面铺砖，整个空间凝练、大气。

198 ≫ 都市的深邃与浪漫

沙发背景墙上酒红色的皮纹砖与电视背景墙上大理石的迷幻肌理相互碰撞，以鲜艳的色彩营造出一种都市的深邃与浪漫氛围。

199

200

199 ≫ 静谧的异域风韵

简单的现代装饰画衬托的餐厅古色古香，看似简单的吊顶却让空间简练开阔，酒柜的半圆拱形再现了罗马风情，处处彰显着空间的古典风韵。

201 ≫ 空间的第一道风景

相同色系的不同材质共同打造了温馨的室内环境。玄关以菱形镜面和马赛克边框的对比统一，成为第一道风景。

200 ≫ 白与黑的凌冽感

白与黑的地砖相间排列，与天花和谐呼应，玄关呈现出丰富的肌理感。

3

❶ 实木装饰板　❷ 玻化砖　❸ 马赛克　❹ 黑胡桃木镂空装饰板　❺ 浅黄色乳胶漆　❻ 米黄洞石　❼ 木纹壁纸

202 ≫ 含蓄的中式美
黑胡桃木的镂空装饰板像一条腰线挂在背景墙上，划分区域的同时又使界面产生了虚实的变化，空间沉稳又不失品位。

203 ≫ 静谧中流露出的温馨
做工精致的沙发使空间散发着英式的优雅。不同的颜色巧妙地分割了厨房和客厅，空间显得简明而温馨。

204 ≫ 居住的温馨氛围
沙发背景墙以简单的米色肌理壁纸搭配黑白装饰画，融汇了视觉与触觉的感受；配合简洁的布艺沙发与水晶吊灯，展示了温馨舒适的居住氛围。

205 ≫ 混搭的丰富表情
木纹壁纸墙面与紫色沙发混搭，赋予空间丰富的表情。餐厅大面积马赛克又以另一种对比统一，成功地诠释了混搭。

206

207

206 ≫ 灯光下的雅致美感
采用不同切割方式的米色软包呈现出节奏的变化，像一幅大型画作，丰富了界面的表情，在柔和的灯光下折射出雅致的美感。

207 ≫ 别居一格黑白搭配
整体黑白相间，极富层次感。轻盈的吊灯与灵动的花纹打破了空间沉闷的氛围，稳重中略带点俏皮，诠释了混搭的别具一格。

208 ≫ 木家具打造恢宏气质
吊顶的灯带如白玉般点亮客厅，木质家具的内敛包容着整个客厅沉稳浑厚的气质，超大的投影屏幕使空间现代感十足。

208

主要装饰材料

❶ 皮质软包　❷ 灰白大理石　❸ 装饰镜面　❹ 复合木地板　❺ 装饰镜面　❻ 花纹肌理壁纸　❼ 米色洞石

209

209 ≫ 白色精灵的灵动轻巧

本案以白色为基调，大幅装饰镜面削弱了空间的狭长感。晶莹的吊灯如飞舞的水晶蝴蝶，呼应了镜面的装饰花纹，空间更加灵动轻巧。

210 ≫ 素色生活

零星黑色块面的点缀，在以白色为主调的空间中跳脱而出，彰显着现代都市人家的品位。

211 ≫ 黑镜点缀的时尚

黑镜拼缝装饰电视背景墙，并与沙发背景墙的黑镜框呼应，营造时尚的空间氛围。

210

211

212 ≫ 壁炉设计独具匠心
墙面方形的壁炉造型独具匠心，精致的装饰画与褐色壁纸装饰，突显出主人开放自由的个性。

214 ≫ 多种设计元素打造异域风采
沙发背后的壁炉造型，背景墙上的船舵装饰，随处可见的拱门轮廓，多种手法的运用，使空间散发着浓郁的异域风采。

213 ≫ 紫色的高贵
本案以白色为基调诠释了紫色的高贵、矜持。侧墙上利用花纹壁纸的银色光泽衬托出装饰画的华丽。

215

215 ≫ 铅华洗净后的魅力
电视背景墙朴素的青砖铺贴，原木色的家具布置，空间呈现出铅华洗净后的魅力。

216 ≫ 线条的张力
沙发背景墙满铺米白色肌理壁纸，与电视背景墙形成简单与繁复的视觉对比。

217 ≫ 线条构成的韵律感
红樱桃木打造的墙面采用对称式的布局呼应两个餐厅区域，线条的构成方式极富韵律感。两盏黄色宫灯点明了空间主题。

217

218

219

220

218 ≫ 明媚大气的客厅
　　条纹壁纸大面积的装饰拉伸了空间的高度；沙发背景是大片落地玻璃窗，阳光透过白色百叶帘照射进来，令客厅明媚大气。

219 ≫ 摩登个性的曲线空间
　　摩登而富有个性的空间打破常规，以曲线为主题，把天花、墙身、家具融为一体，空间规划自由且富有层次感和结构美。

220 ≫ 欧式田园情怀
　　大面积的碎花壁纸装饰奠定了空间的整体格调，洛可可风格的家具与之呼应，打造了欧式田园风情居室。

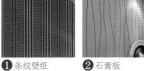

221 ≫ **格纹的气息**

简单的壁灯如蜻蜓点水打破了黑色的压抑，将墙面的格纹设计显露出来；搭配纯白的沙发和电视柜，空间显得典雅、尊贵。

222 ≫ **品味奢华质感**

多层线脚构筑的墙面奠定了空间的欧式基调。电视背景墙金黄色的软包处理，将材料的质感与色泽表现得淋漓尽致，更增添了奢华气息。

223 ≫ **直线条的节奏感**

墙面的凹槽处理形成了笔直的线条，间隔大小的变化赋予界面跳跃的节奏感，营造了一个更舒适、和谐的空间。

224

225

224 ≫ 黑白混搭彰显简约时尚

白色混油框架打破了单调的空间布局，加上黄色灯带和射灯组合，室内显得柔和浪漫；而黑白灰的色彩搭配，彰显空间的简约之美。

225 ≫ 柔美中的活泼

圆形顶棚呼应圆形地毯，马赛克装饰的波浪形电视背景墙呼应曲线沙发，整个空间柔美中带有活泼。

226 ≫ 黑白灰组合

黑白色调的对比和融合使空间显得静谧庄重，深色胡桃木架上盛开白色花朵的盆景丰富了视觉效果。

226

227 ≫ 原木家具的质朴

电视背景墙的粉墙黛瓦给室内增添了质朴感，原木家具的选用搭配黑色现代陶艺，一切都显得那么自然而又不失时尚感。

228 ≫ 空间感从优雅的线面中产生

圆形灯池搭配弧形造型墙，增强空间的表现力。吧台的设计合理利用了空间，而且提升了客厅的格调。

229 ≫ 新中式的内敛和质朴

用中国传统家具打造了新中式的空间氛围；顶棚处白色的回纹装饰线与仿古吊灯的搭配，折射出中国文化的内敛和质朴。

图书在版编目（CIP）数据

家装潮流.时尚都市家/叶斌编著.—福州：福建科学
技术出版社，2013.3
ISBN 978-7-5335-4215-3

Ⅰ.①家… Ⅱ.①叶… Ⅲ.①住宅－室内装饰设计－
图集 Ⅳ.① TU767

中国版本图书馆 CIP 数据核字（2013）第 004324 号

书　　名　家装潮流　时尚都市家
编　　著　叶斌
出版发行　海峡出版发行集团
　　　　　福建科学技术出版社
社　　址　福州市东水路 76 号（邮编 350001）
网　　址　www.fjstp.com
经　　销　福建新华发行（集团）有限责任公司
印　　刷　福建彩色印刷有限公司
开　　本　889 毫米 ×1194 毫米　1/16
印　　张　4.5
图　　文　72 码
版　　次　2013 年 3 月第 1 版
印　　次　2013 年 3 月第 1 次印刷
书　　号　ISBN 978-7-5335-4215-3
定　　价　26.80 元
　　　　书中如有印装质量问题，可直接向本社调换